百味川菜

天香空空 著

萬里機構

推薦序

人生中必要的百味

曾幾何時，一位知名的玄學大師和我説過，乾淨、和諧和起灶火就是一個家最好的風水。灶，造也，創食物也，每當灶火燃起的時候，家才有真正的人間煙火氣。真正熱愛美食的人，必定對生活充滿了熱愛，否則再珍貴的菜式也只不過是填飽肚子的食材而已。因為有了熱愛的力量，透過下廚，懂得食物的選材、追求視覺、嗅覺及味蕾上的享受，用心分享美食的美好，而釋放對人生的意義與自我價值的實現，這就是美女主廚 CoCo（天香空空）《百味川菜》故事的開始。

與 CoCo 美食的相遇緣於多年前她自製的一瓶辣椒醬，貌似平平無奇的一瓶辣椒醬，打開後彌漫着成都火辣熱情的誘人香味，紅彤彤的辣椒油拌着牛肉碎的乾香，酥脆的辣椒段和蒜粒充滿了咬勁，尾韻更是鹹香夠味，嘗過一口便深深愛上，沒想到 CoCo 可把一瓶辣椒醬演繹得如此出神入化。後來曾多次有幸品嘗到 CoCo 親自下廚的佳餚，如水煮牛肉、宮保雞丁、麻辣雞煲、油爆田雞和糯米扣肉等等美食，每每都能帶來味蕾的驚喜。

從 2020 年初至今，在這三年疫情籠罩下的世界裏，相信很多人終於領悟了人生的真正意義。疫情期間，我與 CoCo 久未謀面，再次相遇她讓我為她的《百味川菜》寫序言，我本以為疫情讓她之前準備出版的食譜告終，看到她不失本心一路向上的軌跡，追求自己的夢想，真心的感動！

川菜文化博大精深，所謂「食在中國，味在四川」，一百道川菜，就會有一百種味道，而每個人對每道川菜的感覺如此不同，這何嘗不是人生的寫照？麻辣味、酸辣味、魚香味、酸甜苦辣，應有盡有，慰藉這不易的人生。打開 CoCo 的《百味川菜》，期待着每一道佳餚所觸及味蕾的靈魂，願我們用心喚起一趟美食與人生的探索之旅。

Dolly Zhuo

2022 年 12 月於香港

序

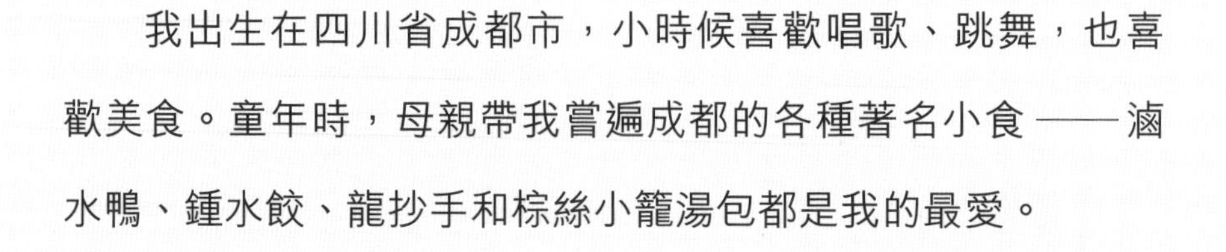

我出生在四川省成都市，小時候喜歡唱歌、跳舞，也喜歡美食。童年時，母親帶我嘗遍成都的各種著名小食——滷水鴨、鍾水餃、龍抄手和棕絲小籠湯包都是我的最愛。

父親是教育界人士，也是一位美食家，朋友眾多，愛打麻將，常在家中宴客。父親對吃特別講究，家裏打麻將宴客時，會請來成都頂級川菜館出國比賽的廚師黃師傅來展示廚藝。印象最深刻的是黃師傅煮的一道湯羹「紹子酸辣蹄筋羹」，把油炸的豬蹄筋用熱水浸發 3 小時，洗淨、切小丁，用熬好的清雞湯以小火慢煮豬蹄筋，將三分肥、七分瘦的豬前夾肉用刀剁碎，醃製後加在煮豬蹄筋的湯內，待豬蹄筋軟熟，灑入鹽、醋及大量白胡椒粉調味，起鍋前勾薄薄的水芡粉和少許雞蛋清。這道蹄筋羹吃起來味道鮮美，帶少許胡椒辛辣，而且豬蹄筋軟香。大廚運用簡單的材料、細緻的做法，讓普通食材變成高級美味的一道菜，真是廚藝非凡。

我喜愛美食、懂得煮食，也享受煮菜的過程，這些都是人生樂趣。我常在家中烹調成都家常菜給家人和朋友品嘗，承傳傳統川菜，加上自己的創意，煮出好吃的成都家常菜。現在我將自己的廚藝心得分享給大家，希望你們會喜歡。

天香空空

目錄

推薦序 002
序 004
川菜特色及常用配料 008
油酥花生 011
私房紅油 012

涼菜及前菜

紅油口水雞 016
燒椒拌豆角 018
麻辣牛肉乾 020
麻辣青瓜 022

傳統川味

回鍋肉 026
水煮東星斑 030
麻婆豆腐 034
宮保雞丁 037
竹筍燒牛腩 040
豆瓣乾燒鯉魚 043
辣子雞 046
鹹燒白 050
甜燒白 054

家常川菜

生爆鹽煎肉 060
銀杏燒雞 062
芙蓉雞鬧（家庭簡易版） 064
珍珠丸子 067
螞蟻上樹 070
香酥肉 072
豬油渣炒花菜 075
粉蒸肉 078

百味熱菜

椒鹽鮑魚 084
蒜苔炒肉絲 086
家常田雞腿 088
青毛豆小煎雞 091
水煮肉片 094
蒜片蝦 098
碧綠蒸魚 100
炸茄餅 103
香辣蟹 106
辣炒魷魚絲 108
仔薑紅椒炒雞郡肝 111
熗蓮白 114
熗炒辣蜆 116
麻辣鴨血豆腐 119

湯·小吃·飯麵

大雪豆蹄花湯 124
海帶綠豆鴨湯 126
乾拌抄手 128
紅油水餃 132
酸辣粉 136
擔擔麵 139
臘肉青豌豆燜糯米飯 142

川菜特色及常用配料

小時候，聽大廚黃師傅説川菜是指川西成都地區菜系，古時為官府菜，屬於川菜代表，是川菜流派之一。川菜是中國八大菜系之一，分為三個派系，分別是上河幫、下河幫及小河幫，上河幫川菜以川西成都、樂山為中心地區的川菜；下河幫以老川東地區為主；小河幫則以川南自貢為中心。成都家常菜是一菜一格、百菜百味，麻辣鮮香，自成一派。

百菜百味，做工精緻

成都是四川省的省會，當地人對飲食非常講究，不時不吃，這是指要吃當造的食物、當造的蔬菜及瓜果。成都家常菜做工精細，從選料、配菜都很講究。國宴上有一道湯稱為「雞豆花」，是將雞胸肉剁碎，剔除肉筋後，加入水、蛋清、水豆粉攪拌成漿，放入特製的清雞湯內，以小火慢煨而成雞豆花，體現吃雞不見雞的精髓，品嘗過後，才清楚知道何以稱為「齒頰留香」呢！

常用香料及配料

川菜以大量香料烹調成濃厚味道的特色菜，巧妙地運用在不同的菜餚當中，能感受各異的味道層次。

八角

八角是川菜必不可少的常用香料，有着特殊的外形和香氣。在烹調川菜時，八角經常用於滷水製作、燒肉或燉肉，可以去除肉腥味。

花椒

花椒以漢源縣出產的為佳品，顏色紅中帶紫，小粒，香氣濃，麻味重，可去除各種肉類的腥羶味。花椒除了調味之用外，還有散寒袪濕的功效。由於成都屬於盆地地區，天氣潮濕，當地人日常炒菜或拌菜，會放些花椒去除濕氣。煮麻辣火鍋時，更以大量花椒調味。

辣椒

川菜所用的辣椒，多以指天椒和二荊條辣椒為主。指天椒辣味十足，醇香味道濃郁。二荊條辣椒在川菜中卻使用最多，味道香而微辣。辣椒是大部分川菜的主角，是炒菜及炮製紅油必不可少的。

新鮮指天椒

乾燥指天椒

子彈辣椒

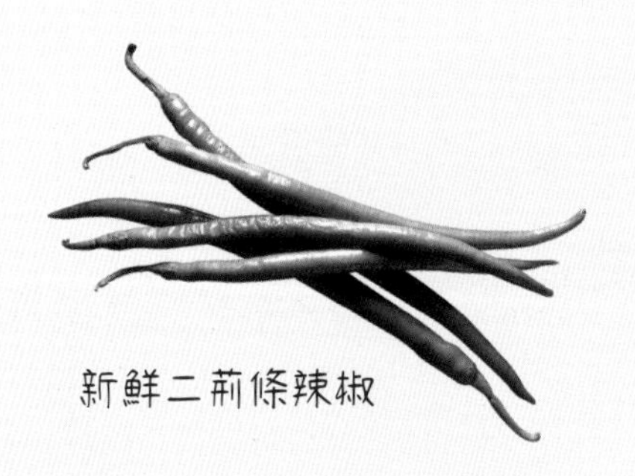

新鮮二荊條辣椒

乾燥二荊條辣椒

豆瓣醬

豆瓣醬被譽為川菜靈魂，是大部分川菜的調味料。正宗的川式豆瓣醬選用辣椒和蠶豆瓣發酵後混合，並放入陶缸翻曬，經長時間發酵，顏色會變成深紅褐色。買回家的豆瓣醬，用油炒一遍味道會更香，而且豆瓣醬更紅，顏色油亮。

油酥花生

油酥花生經常作為川菜的配料，例如宮保雞丁、口水雞、酸辣粉等，酥化的口感，增添不同的層次風味。

材料

花生米........................ 適量

做法

1. 花生米用溫水洗淨，瀝乾水分。
2. 鑊內加入油，冷油下花生米，以小火慢炒，待油溫上升，花生米炒至冒出泡沫及發出噼噼啪喇的聲響，即代表花生米熟透。
3. 將油酥花生以隔篩盛起，瀝乾油分，放涼備用。

好吃秘訣

- 花生米必須冷油放入，才能夠鬆脆好吃。
- 放涼後食用，油酥花生又香酥又脆口。

私房紅油

紅油是川菜的特色調味料，無論製作紅油餃子或是口水雞等，紅油都是菜餚的點睛之料。自家炮製的紅油，選用香氣獨特的辣椒粉；私房紅油的味道與眾不同，令川式家常菜錦上添花。

材料

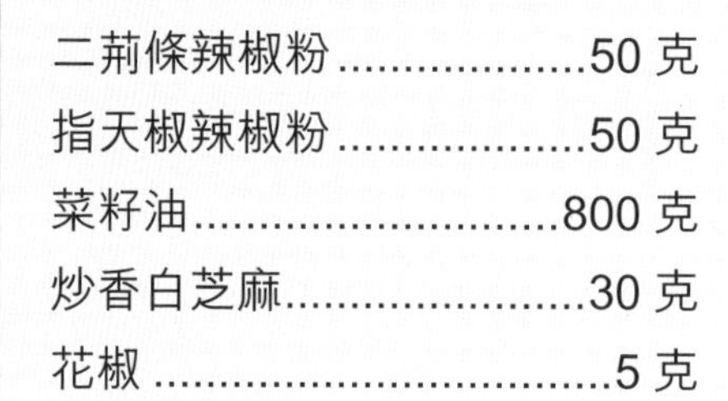

二荊條辣椒粉....................50 克
指天椒辣椒粉....................50 克
菜籽油............................800 克
炒香白芝麻.......................30 克
花椒 ....5 克

做法

1. 將兩種辣椒粉混合，將 1/3 分量混合辣椒粉放在大湯碗內，備用。
2. 鑊內加入油，放入花椒，待油溫升至七成熱，花椒由紫紅變成黑色，盛起花椒棄去。
3. 用大勺子舀兩勺油倒進辣椒粉碗內，一邊倒油一邊攪拌，防止辣椒粉變成糊狀。
4. 待半分鐘後，放入 1/3 分量混合辣椒粉，再倒入一半熱油拌勻；第三次加入所有辣椒粉和炒香白芝麻，倒進剩下的油混合拌勻，這時芝麻全部浮在表面。
5. 紅油放置一晚，待翌日紅油變得更紅亮、更香氣撲鼻就可食用了。

好吃秘訣

- 紅油是川菜必不可少的調味料，用途非常廣泛，烹調時要小心掌握油的溫度，太熱會燙糊辣椒粉，令紅油變苦，這樣就不可食用了。
- 如特別嗜辣的話，可多加指天椒辣椒粉，別有一番風味。

涼菜及前菜

四川的涼菜，入口既清爽又開胃，
麻、香、辣滲入齒縫間，
爲川味宴會揭開序幕。

紅油口水雞

材料

全雞腿........2 隻（350 克）
細葱 ....1 棵（5 克）
蒜肉 ....3 瓣（3 克）
熟花生......................20 克

浸雞料

葱................................1 棵
薑................................3 片
料酒 ....2 湯匙

調味料

生抽 ....5 克
老抽 ....3 克
花椒粉.........................3 克
糖 ....5 克
雞湯 ....50 克
紅油 ....40 克

做法

1. 雞腿放入冷水，放入浸雞料，水煮開 10 分鐘，轉小火再煮 10 分鐘，熄火加蓋焗 5 分鐘。
2. 雞腿取出，放涼開水中待涼透，或放在盤中自然冷卻，切小塊放於碟內。
3. 蒜肉拍碎；細葱切碎放於碗內，加入糖、生抽、老抽、花椒粉及雞湯拌勻，淋在切好的雞肉，澆上紅油，最後撒上花生即可。

燒椒拌豆角

這道涼菜最適合在夏天沒胃口時吃，當成開胃菜。豆角翠綠爽口，加入紅彤彤的紅辣椒，增添色彩。

材料

豆角......................200 克
青辣椒（二荊條）......80 克
蒜肉..............3 瓣（3 克）
細葱..............1 棵（3 克）
紅辣椒...........1 條（5 克）

調味料

生抽...........................5 克
糖...............................3 克
鹽...............................3 克
紅油.........................20 克
芝麻醬......................10 克
醋...............................3 克

做法

1. 豆角剪去頭尾，清洗乾淨。
2. 鍋內燒熱水，水大滾後下豆角煮 5 分鐘，盛起，放入冰水浸泡，待豆角涼後，瀝乾水分，切成 4 厘米長段，放入大碗內。
3. 青辣椒去柄，洗淨。燒熱鐵鑊，放入青辣椒煸炒，直至青辣椒變軟及皮呈深褐色，盛起放涼，切成一吋短度，放於大碗內。
4. 蒜肉及細葱分別切碎，放於碗內，加入生抽、糖、鹽、芝麻醬、紅油及醋調勻，淋在豆角拌勻，放上紅椒圈裝飾即成。

好吃秘訣

- 豆角浸冰水後能保持色澤翠綠，而且吃起來更爽脆。
- 青辣椒煸炒後，外皮呈深褐色，如不喜歡可剝掉外皮才吃。

麻辣牛肉乾

材料

牛肉......................300 克
乾辣椒（二荊條）......15 克
薑............................10 克
花椒..........................5 克
白芝麻...................... 少許

調味料

鹽..............................5 克
糖............................10 克
生抽..........................10 克
紅油........................3 湯匙
料酒..........................10 克
胡椒粉........................3 克

做法

1. 牛肉切成 2 吋長條，放入滾水淥 5 分鐘，盛起，瀝乾水分。
2. 乾辣椒剪成細絲；薑切片。
3. 燒熱鐵鑊，倒入油，下牛肉條以中小火慢炒，放入薑片、鹽、糖、生抽及料酒至水分收乾，炒至牛肉熟透，盛起。
4. 鑊內加入花椒及乾辣椒以小火炒香，倒入煸炒的牛肉條用小火炒至牛肉入味，加入紅油、胡椒粉及白芝麻，盛起上碟。

好吃秘訣

選用二荊條乾辣椒，味微辣，令牛肉增添香氣。

麻辣青瓜

材料

小青瓜....................150 克
蒜肉 ....5 瓣（5 克）
葱...................1 棵（3 克）
紅油 .... 3 湯匙
白芝麻...................... 少許

調味料

鹽 ....2 克
生抽 ....5 克
糖 ....3 克
花椒油.........................3 克
醋 ....3 克

做法

1. 小青瓜洗淨，拍碎，放在大碗內，灑入鹽醃 10 分鐘，倒掉醃後的水。
2. 放入拍碎的蒜蓉、生抽、糖、花椒油，醋及紅油拌勻；葱切碎，與白芝麻灑在青瓜面，即可享用。

傳統川味

指天椒、小米辣椒、二荊條辣椒、花椒……

紅得發亮的川菜，醬香濃郁，色香味俱全，

味道讓人舌頭發麻，是最好的伴飯菜。

回鍋肉

回鍋肉被譽為川菜之首，提起川菜就自然想到它。回鍋肉是一道成都每家餐桌上必備的傳統——下飯菜。

每次回家，母親總是煮一桌我愛吃的菜，其中必定有回鍋肉，配上一碗暖哄哄的白飯，肉香不油膩、蒜苗鮮嫩，非常好下飯。

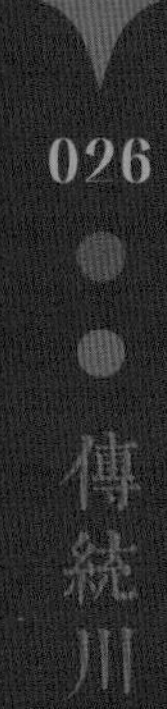

材料

二刀肉（連皮豬臀部下方靠大腿之間的肉）................300 克

配料

蒜苗 ....150 克
豆瓣醬...........................15 克
豆豉 ....4 克
川式甜醬 ....4 克
花椒 ....3 克
薑...................................10 克
葱......................1 棵（10 克）
油 ....5 克

調味料

糖 ....4 克
老抽 ....3 克
料酒 ....10 克

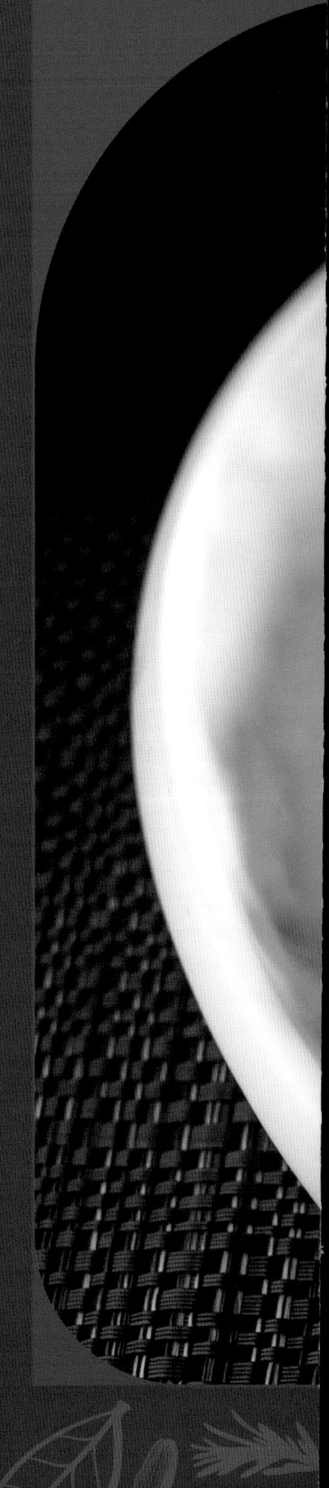

做法

1. 將二刀肉皮朝下，放在燒熱的生鐵鑊內輕烙豬皮，去掉其腥味，清洗時用刀刮去豬皮的黃色烙印。
2. 二刀肉放於冷水鍋內，放入薑、葱、花椒及料酒，大火煮開，轉中火煮 25 分鐘，取出放涼，切成 1.5 或 2 毫米薄片。
3. 蒜苗洗淨，抹乾水分，切 2 吋長斜塊；豆瓣醬剁碎，備用。
4. 炒鑊放入油，油熱後倒入豬肉片翻炒，炒至豬肉片出油卷成窩狀（成都人常說起燈盞窩），盛起肉片及多餘的油。
5. 鑊內留下少許油，下豆瓣醬、豆豉和肉片炒至顏色紅亮，放入川式甜醬、糖及老抽，最後放入蒜苗炒至入味，上碟享用。

好吃秘訣

- 製作回鍋肉應選用連皮的豬臀部尖肉，成都人稱為二刀肉，肥瘦相間，好吃而不油膩。
- 加入川式甜醬能增加這道菜的香味。
- 最後放入糖能增鮮；老抽則能提色，兩者不可或缺。

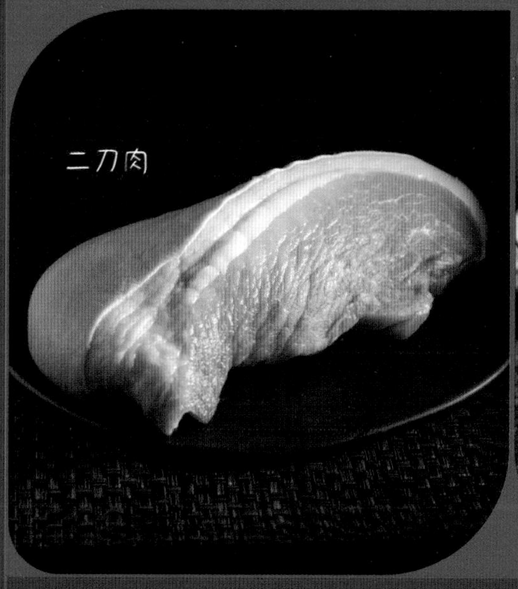

水煮東星斑

水煮魚，起源於80年代初，是川菜一道名揚四海的國民大菜，所有川菜館都提供這道菜式，並有主打賣水煮魚的專賣店。

材料

東星斑........1條（500克）
蒜苗........15克
芹菜........15克
薑........10克
蒜肉........15克
葱........1棵（3克）
香菜........1棵（4克）
乾辣椒........30克
花椒........20克
油........80克

醃料

鹽........5克
料酒........10克
雞蛋清........1個
豆粉........6克

調味料

豆瓣醬........30克
生抽........5克
糖........5克
胡椒粉........3克

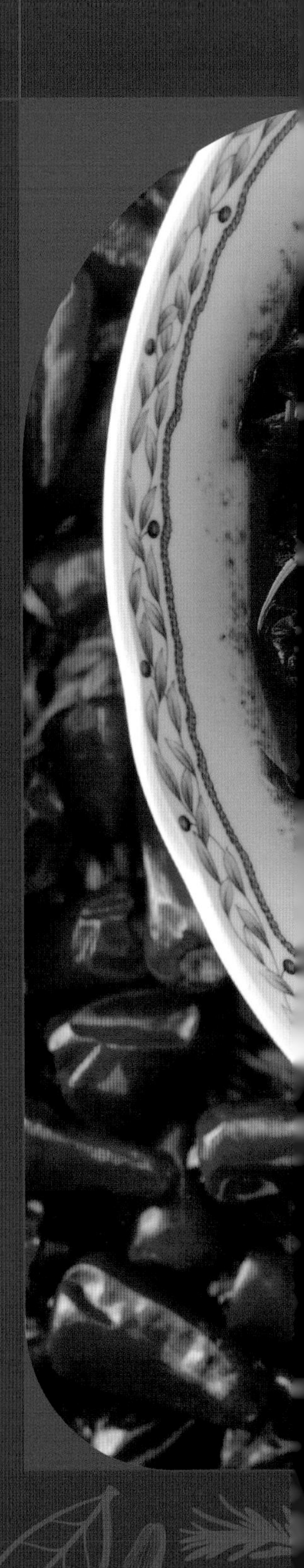

做法

1. 東星斑請魚販打鱗、起肉，切成 3 毫米魚片；魚骨斬大塊，用鹽、料酒醃 10 分鐘。
2. 魚肉片用鹽、雞蛋清拌勻，醃 10 分鐘，再加入豆粉拌勻。
3. 薑、蒜肉切末；葱切小段；蒜苗、芹菜切 2 吋長段；乾辣椒剪成一吋段，去籽；香菜洗淨；豆瓣醬剁細備用。
4. 燒熱鑊，下少許油，加入芹菜及蒜苗炒至五成熟，盛於大碗內。
5. 鑊燒熱下油，放入豆瓣醬、薑末及蒜末炒香，待炒出紅油，放入已醃魚骨略煎，加滾水熬湯，魚骨煮 5 分鐘後盛起，放在蒜苗碗內。
6. 將醃好的魚片放入湯內，待魚肉變成白色，加入生抽、糖及胡椒粉拌勻，連湯一起倒進蒜苗湯碗內。
7. 準備另一個鑊，燒熱油待油溫升至七成熱，將乾辣椒、花椒及蒜末放在魚面上，倒入熱油熗香，最後放上香菜及葱段即成。

好吃秘訣

傳統的水煮魚一般選用草魚（鯇魚），亦可選用花蓮魚、東星斑、老虎斑等，總之選擇自己喜歡吃的魚就可以了。

麻婆豆腐

清朝同治元年（1862 年），成都萬福橋邊上，有一家叫「陳興盛」的小館，老闆娘臉上長有麻子，被客人稱為陳麻婆。陳氏烹製的豆腐，麻、辣、鮮、香、燙，深受食客歡迎，被取名為「陳麻婆豆腐」。

這道麻婆豆腐名揚四海，在國內川菜餐廳是必點之菜式，後來傳到香港、日本、美加及歐洲等地，成為中國名菜。

材料

老豆腐....................300 克
牛肉碎....................100 克
蒜苗 ....1 棵（15 克）
豆瓣醬......................15 克
豆豉 ....3 克
薑...............................5 克
細葱 ....1 棵（5 克）
二荊條辣椒粉.............5 克
花椒粉........................3 克
生粉 ....7 克
油.............................30 克
清水 ....100 克

調味料

生抽 ....5 克
糖...............................3 克
鹽...............................5 克
料酒 ....5 克

做法

1. 老豆腐切成一吋丁方，放在開水汆燙 4 分鐘，灑入鹽去除豆腥味，盛起，瀝乾水分。
2. 豆瓣醬剁碎；薑及細葱切末；蒜苗切成一吋長段；生粉用水調勻。
3. 燒熱鑊，放入油燒至七成熱，下牛肉碎炒散，放入豆瓣醬、薑葱末、豆豉、生抽、糖、辣椒粉及料酒，炒至牛肉酥香，加入水及豆腐煮至入味，調入生粉水收汁，上碟，最後撒上蒜苗和花椒粉即可。

好吃秘訣

- 這道菜好吃的秘訣在於上碟後撒下花椒粉，是這個麻婆豆腐的靈魂。
- 如不吃牛肉，可改成豬肉烹調。

宮保雞丁

宮保雞丁是以晚清名臣丁保楨的官銜而命名。光緒二年（1876年），丁保楨時任四川總督，喜愛吃辣的他，用雞丁、花生米、乾辣椒一起爆炒而創製這道四川名菜。

材料

全雞腿........2隻（350克）
油酥花生..................50克
乾辣椒........................5克
花椒...........................2克
薑...............................3克
蒜肉..............3瓣（3克）
大葱............1棵（15克）
油.............................50克

醃料

鹽...............................4克
料酒...........................5克
豆粉...........................6克
油.............................少許

醬汁

老抽...........................3克
生抽...........................5克
糖...............................8克
醋...............................5克
胡椒粉........................2克

做法

1. 雞腿肉切開，去除雞骨，雞肉切成一吋小方丁，加入醃料拌勻醃10分鐘至入味。
2. 大葱切成半吋方丁；薑、蒜切片；乾辣椒剪成一吋小塊，去籽。
3. 生抽、老抽、糖、醋及胡椒粉調勻成醬汁，備用。
4. 燒熱鑊，放入油，下雞丁快速炒散，炒至八成熟，盛起。
5. 鑊內留少部分油，下薑及蒜片炒香，再放入乾辣椒及花椒熗炒出香味，放入雞肉及大葱，倒入調好的醬汁快速翻炒，最後下油酥花生拌勻，上碟享用。

好吃秘訣

- 這道菜建議用大火快炒，鑊氣十足。
- 喜歡吃雞胸肉的話，可用雞胸肉烹調。
- 建議上碟時才放入油酥花生；如太早放入會欠鬆脆感，影響口感。

竹筍燒牛腩

竹筍燒牛腩，是川菜另一道傳統菜式，用煙燻的乾竹筍燒牛腩，非常美味，無論伴飯吃或煮成竹筍牛腩麵，都可嘗到竹筍鮮嫩可口、牛腩軟香入味的口感。

材料

牛腩肉....................400 克
乾竹筍....................100 克
薑..............................15 克
葱.................1 棵（10 克）
料酒 ....15 克

香料

花椒 ....1 克
八角 ....1 枚
草果 ....1 個
香葉 ....2 片
三奈（沙薑）..............3 片

調味料

豆瓣醬.......................15 克
鹽 ....5 克
生抽 ....5 克
冰糖 ....10 克

做法

1. 牛腩洗淨，切 2 吋方塊，冷水下鍋氽水，放入薑及料酒，水滾後撇去浮沫，煮 5 分鐘後盛起，用熱水洗淨，瀝乾水分。
2. 乾竹筍用水浸過夜，用水沖淨，斜刀切，放入滾水氽燙 3 分鐘去除煙燻味，盛起，浸在水中。
3. 鑊內放入油 20 克，油熱後放入豆瓣醬、花椒、薑、葱、冰糖、鹽、生抽、八角、草果、香葉及三奈翻炒，加入牛腩炒出香味。
4. 倒入熱水，加蓋水滾後，轉小火慢煮 1 小時，放入竹筍再煮 30 分鐘，薑葱及香料棄去，轉大火收汁即可上桌。

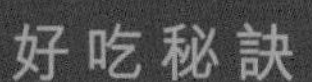

好吃秘訣

- 牛腩建議選用黃牛肉，肉嫩且帶牛的肉香味。
- 乾竹筍選四川煙燻斑竹筍，令燒牛腩的味道更鮮香。

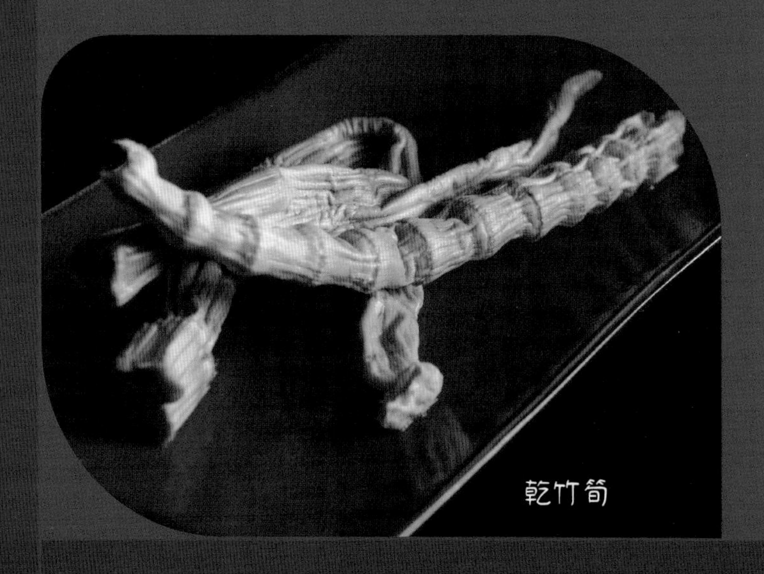

乾竹筍

豆瓣乾燒鯉魚

豆瓣乾燒鯉魚是一道經典的傳統川菜名菜，也是川菜宴席中必不可少的大菜。鯉魚燒好後，魚肉緊密細嫩，鮮香美味，下酒或伴飯俱一流。

材料

鮮鯉魚........1 條（300 克）
五花肉....................100 克
薑..............................10 克
葱.................1 棵（10 克）
蒜肉 ....5 瓣（5 克）
泡紅辣椒........2 條（6 克）
香菜 ....1 棵（3 克）

醃料

鹽................................3 克
料酒 ....10 克

調味料

豆瓣醬......................10 克
糖................................5 克
生抽 ....5 克

做法

1. 鯉魚洗淨，抹乾水分，在魚身切斜刀，燒時更入味。用鹽、薑及料酒醃 10 分鐘。
2. 五花肉洗淨，切丁；薑及蒜肉切小粒；葱切成花；泡紅辣椒斜切成小段。
3. 鑊內倒入油 400 克，待油溫七成熱，放入鯉魚炸至兩面金黃色及皮脆（約 3 分鐘），盛起，瀝乾油分。
4. 鑊內留下少許油，下五花肉炒香及變成微黃色，下薑、蒜粒炒勻，放入豆瓣醬炒至顏色紅亮，加入泡紅辣椒、糖、葱花及生抽炒勻，加水煮開。
5. 放入炸好的鯉魚煮至入味，以大火收乾汁，上碟，最後撒上香菜點綴。

好吃秘訣

- 豆瓣乾燒鯉魚做好後，上碟時只有油而沒有汁，必須將汁燒乾，魚肉才香口、鮮味。
- 加入五花肉粒，令魚肉更添香味。

辣子雞

辣子雞，是川菜中一道非常受歡迎的下酒菜。這道菜使用大量乾辣椒，辣椒比雞肉還多，有在辣椒中找雞肉吃的感覺。20多年前，我在成都餐廳吃這道辣子雞，廚師會將雞肉切得非常小塊，紅咚咚的一大盤端上桌，辣椒堆得像一座小山，我們在辣椒中找雞肉吃，辣、麻、香，真是太好吃了！

材料

仔雞（嫩雞）.... 半隻（280 克）
乾辣椒（二荊條）............20 克
乾指天椒 ....15 克
花椒 ....10 克
蔥........................1 棵（10 克）
蒜肉 ....5 瓣（5 克）
薑末 ....5 克
炒香白芝麻.......................5 克

醃料

鹽 ....5 克
料酒 ....10 克

調味料

胡椒粉 ....2 克
糖 ....4 克
生抽 ....5 克

做法

1. 仔雞斬成一吋方丁，洗去雞骨的血水，以免炸時發黑，抹乾水分，放在碗內，加入鹽、料酒及薑末醃 5 分鐘。
2. 乾辣椒剪成一吋長段，去籽；葱切段；蒜肉切丁；薑切小丁。
3. 鑊內下油 300 克，待油溫七成熱，下雞肉炸 5 分鐘至熟及金黃色，盛起，瀝乾油分。
4. 鑊內留下少許油，放入乾辣椒、乾指天椒、花椒、薑葱蒜炒香，倒入炸好的雞肉炒勻，下糖、胡椒粉及生抽調味，炒勻後上碟，趁熱撒上白芝麻。

好吃秘訣

烹調辣子雞宜選用仔公雞（嫩公雞），肉質細嫩，做出來的口感好，炸過的雞肉吃起來外酥內嫩，非常香口。

鹹燒白

小時候，跟父母親飲酒席，聽鄰座的阿婆說，沒有鹹甜燒白不成酒席。

鹹燒白是在一桌酒席大部分菜上齊後，最後兩、三個上桌的餸菜，飲酒席的人，多數會以白飯配鹹香的肉和芽菜伴吃。

材料

三層五花肉......................300 克
宜賓芽菜（四川醃菜）......150 克
乾辣椒......................2 條（2 克）
花椒 ....2 克
薑片 ....10 克
蒜肉 ....2 瓣（2 克）

調味料

老抽 ....10 克
料酒 ....10 克
糖..5 克

做法

1. 鍋內加水放入五花肉、料酒、薑片及花椒 1 克煮 15 分鐘，盛起，在皮上多次均勻地抹上老抽上色。
2. 芽菜洗淨，切碎；蒜肉切末；乾辣椒切一吋長段，去籽。
3. 炒鑊放入油，下蒜末炒香，放入乾辣椒、花椒 1 克、芽菜及糖翻炒，芽菜炒至水分收乾，盛起備用。
4. 燒熱鐵鑊下油，待油溫七成熱，把五花肉皮一面放進炸 2 分鐘至金黃色，盛起放涼。
5. 五花肉放入水中冷卻，使肉皮起皺。
6. 待肉完全涼後，切成 3 毫米薄片，加少許老抽拌勻，肉皮朝下一片片放在碗內，鋪入炒好的芽菜。
7. 燒熱水，水滾後放入已排好的五花肉及芽菜，以大火蒸 20 分鐘，轉中火蒸 1 小時 40 分鐘，至肉質軟腍。
8. 預備一個大碟子，將蒸碗倒扣在碟上，軟白的鹹燒白即可上桌。

好吃秘訣

蒸鹹燒白的時間必須足夠，吃起來肉香不肥，
配白飯及芽菜，真的太好吃了！

甜燒白

甜燒白是四川酒席的一道壓軸菜，也是年夜飯的必備菜，香甜軟糯，肥而不膩，用糯米飯鋪於底，吸收了五花肉的豬油，令糯米油香、甜軟。

材料

五花肉……300 克
糯米……200 克
薑……5 克
葱……5 克
玫瑰夾沙（玫瑰豆沙餡）……150 克

糖色材料

紅糖……100 克
熱水……50 克

調味料

料酒……8 克
糖……5 克

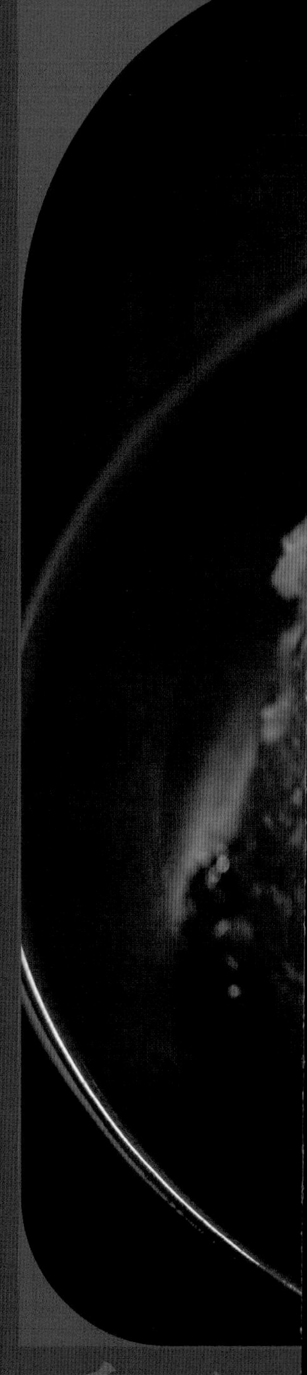

做法

1. 五花肉洗淨，冷水放進鍋內，加入薑、葱及料酒，水滾後轉中火煮 25 分鐘，盛起待涼。
2. 鍋內放入紅糖以小火慢炒，炒至完全溶化及起泡，倒入熱水，拌勻成糖色，盛於碗內。
3. 糯米洗淨，放入鍋內煮 8 至 9 分鐘，盛起，瀝乾水分。
4. 在五花肉皮層塗抹兩層糖色，切夾刀狀（第一刀不切斷，第二刀切斷，盡量切薄一點）；玫瑰夾沙切成 3 厘米薄片，夾在每片五花肉中間，肉皮朝下，一片片排在碗內，最後加入糖色 2 茶匙。
5. 煮好的糯米加入糖色拌勻，平均鋪在五花肉上，放入蒸鍋蒸 2 小時。
6. 用碟子蓋在甜燒白碗上，反扣後拿開碗，撒上糖即可上桌，像水晶般透明的肉在粒粒晶瑩的糯米飯上，格外亮麗。

好吃秘訣

- 要選用大糯米，口感特別好。
- 蒸甜燒白的時間必須足夠，吃起來才會入口即溶，香甜軟糯。

家常川菜

「一菜一格，百菜百味」是川菜的特色。

川菜除了麻、辣以外，

還可細嘗鮮、香、鹹、甜的特有風味。

生爆鹽煎肉

生爆鹽煎肉，被稱為回鍋肉的姐妹菜，回鍋肉是先煮後炒；鹽煎肉是將生肉去皮直接煎炒。在成都地區，鹽煎肉是家喻戶曉的一道家常菜。

材料

豬臀尖肉（二刀肉）250克
蒜苗……120克
青尖椒……2隻（8克）
豆豉……2克
薑……5克
花椒……1克

調味料

豆瓣醬……5克
川式甜麵醬……3克
料酒……5克
生抽……5克
糖……3克

做法

1. 二刀肉去皮，洗淨，切成2毫米薄片。
2. 蒜苗切成一吋長段；薑切片；青尖椒去籽，斜刀切；豆瓣醬剁細。
3. 燒熱生鐵鑊，倒入油5克，下肉片及花椒翻炒至出油及微卷起，放入豆瓣醬、豆豉、薑片、青尖椒、料酒及生抽，炒至顏色紅亮及散出香味，放入川式甜麵醬、糖及蒜苗，炒至蒜苗熟透，上桌即成。

好吃秘訣

這道菜與回鍋肉一樣，必須選用二刀肉，這個部位的豬肉肥瘦相間，吃起來香而不油膩。

銀杏燒雞

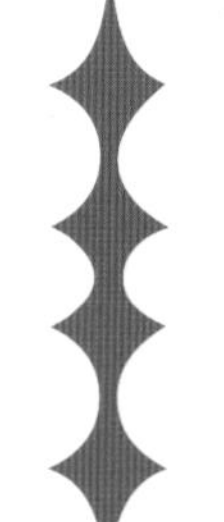

材料

土雞.......... 半隻（300 克）
新鮮銀杏（白果）.... 150 克
薑.............................. 5 克

調味料

鹽............................ 10 克
料酒.......................... 5 克
胡椒粉...................... 3 克

做法

1. 土雞去掉頭尾，洗淨，抹乾水分，斬成一吋半雞塊。
2. 銀杏去殼，撕掉棕色外衣，剖開，挑去芯；薑切薄片。
3. 燒熱炒鑊，下油 10 克，倒入雞塊翻炒，放入薑片、料酒及鹽炒至雞肉散發香味，待雞肉七成熟放入銀杏，倒入水，加蓋以中火燜煮 10 分鐘，煮熟後的銀杏晶瑩剔透，撒上胡椒粉，以大火收汁，炒勻上碟。

好吃秘訣

每年 9-10 月是銀杏的成熟期，這道銀杏燒雞最適宜在秋季享用。選用新鮮銀杏烹調這道菜，雞肉鮮美，而且吃起來銀杏軟糯、甘香。

芙蓉雞鬧（家庭簡易版）

這道菜製作簡易，很喜歡這個有趣的菜名——芙蓉雞鬧，吃起來分不清是雞蛋還是豆腐，質感乾爽，味道香口。

材料

老豆腐........1 塊（300 克）
雞蛋............................2 個
細葱............................1 棵

調味料

生抽............................3 克
胡椒粉........................3 克
鹽................................5 克

做法

1. 豆腐放在大碗，用叉子壓碎，瀝出多餘水分，打入雞蛋，加鹽及生抽拌勻；細葱切成葱花備用。
2. 炒鑊放入油 20 克，待油溫熱，倒入豆腐蛋液以小火慢炒，炒至乾鬆，撒上胡椒粉炒勻，上碟，最後撒上葱花即成。

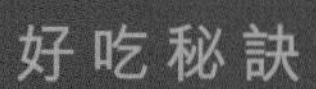

好吃秘訣

這是芙蓉雞鬧的簡易版，將雞肉改成豆腐，讓原本製作複雜的手工菜變成簡單易做的家庭版本，一般家庭煮婦也能輕鬆上手。

珍珠丸子

這是我家的一道常備菜，小孩、大人都喜歡吃，可作為餸菜，也可以當做點心。蒸熟的丸子，米粒如水晶般亮晶晶，吃起來軟糯、肉香，而且馬蹄清甜帶脆。用紅蘿蔔裝飾點綴，顏色很漂亮，我非常喜愛這道菜。

材料

豬前夾肉……250 克
去皮馬蹄……120 克
大粒糯米……150 克
雞蛋清……1 個
紅蘿蔔……1 個（30 克）
清水……10 克

調味料

鹽……5 克
生抽……5 克
胡椒粉……3 克
豆粉……5 克
麻油……4 克

做法

1. 豬前夾肉洗淨，去皮，切丁，剁碎後放大碗內，加入鹽、生抽、胡椒粉及麻油拌勻，下蛋清、豆粉及水朝一個方向拌至豬肉帶黏性，放入雪櫃冷藏 20 分鐘。
2. 糯米預先用清水浸泡 4 小時，盛起，瀝乾水分，備用。
3. 馬蹄用刀背拍碎，剁成小粒，加入拌好的豬肉攪拌。
4. 紅蘿蔔切薄片鋪在碟上，豬肉用茶匙弄成肉丸，放入已浸泡糯米滾一圈，均勻地沾上糯米，排放紅蘿蔔片上，在丸子放上紅蘿蔔粒點綴。
5. 蒸鍋燒滾水，放入糯米丸子，以大火蒸 25 分鐘即成。

好吃秘訣

- 這道糯米丸子選用大粒的糯米，口感更佳；如喜歡吃馬蹄，可隨自己喜愛添加分量。
- 豬前夾肉三分肥七分瘦，吃起來口感綿軟。

螞蟻上樹

材料

細粉絲........................2 紮
豬前夾肉 ....100 克
葱...................1 棵（2 克）
薑...............................2 克
蒜肉 ....2 瓣（2 克）

調味料

豆瓣醬........................5 克
生抽 ....3 克
老抽 ....2 克
糖.................................3 克
料酒 ....3 克

做法

1. 粉絲用冷水浸泡，剪成短度；豬肉切小丁，剁碎。葱切成幼粒；薑及蒜瓣切碎。
2. 燒熱鑊，加入油 20 克，下肉碎炒散，放入葱、薑、蒜、料酒、老抽及豆瓣醬炒香，炒至紅亮，加入水及粉絲，以生抽及糖調味，待收乾水分後即可。

好吃秘訣

- 如想吃出乾爽味香的螞蟻上樹，翻炒時必須收乾水分；如水太多，肉碎不能附在粉絲上。
- 我喜歡選用豬前夾肉，肥瘦相間的肉質，層次很豐富。

香酥肉

香酥肉是一道過年菜，童年時，母親每逢過年都會做這道菜。

時值年三十下午，母親總會炸一大盆酥肉、蓮藕豬肉丸、各種形狀香脆的撒子、焦花油器等，母親一邊炸，我則在旁吃，每款美食都好吃到停不了口。

材料

豬五花肉................280 克
雞蛋...........................3 個
番薯粉......................80 克
麵粉..........................20 克
薑........5 克（去皮、切片）
蔥....... 2 棵（切成 2 吋段）

醃料

鹽...............................5 克
糖...............................5 克
花椒粉........................2 克
生抽.........................10 克
料酒...........................5 克
胡椒粉........................2 克

香料

花椒...........................2 克

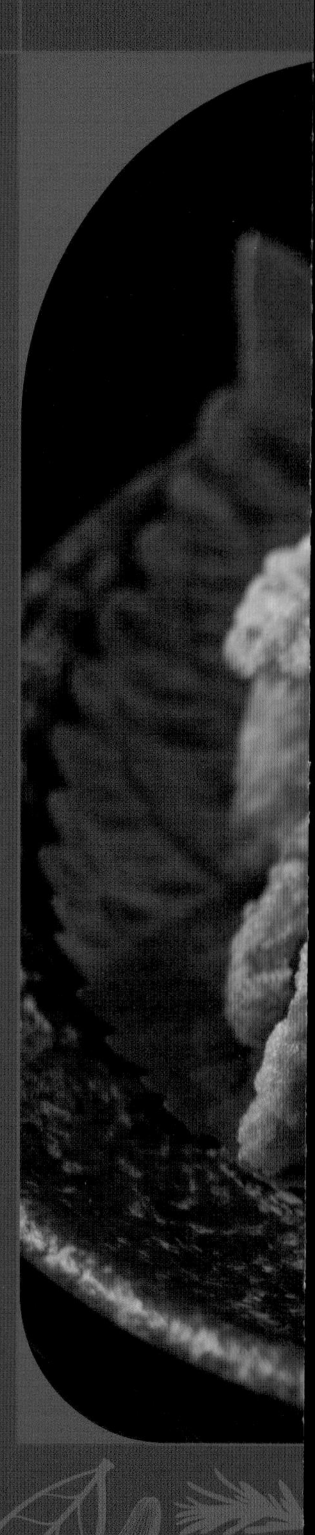

做法

1. 豬五花肉洗淨，抹乾水分，去皮，切成肥瘦相間的 2 吋長條，放入大碗內，加入鹽、糖、花椒粉、生抽、料酒、胡椒粉、薑片及葱段拌勻，醃 2 小時。
2. 五花肉與雞蛋拌勻，加入麵粉、番薯粉調勻，灑入花椒拌勻。
3. 鑊內加入油 800 克，燒至五成熱，將五花肉逐條放入，以小火慢炸，用筷子攪動，以防肉條黏在一起。
4. 炸至五花肉熟透，盛起，將火力調高，油溫燒至七成熱，倒入酥肉翻炸 40 秒，變成金黃色及酥脆，盛起酥肉，瀝乾油分，上碟享用。

好吃秘訣

- 如果怕肥，可以選用豬里脊肉製作酥肉。
- 若喜歡吃辣，可將酥肉蘸乾辣椒粉伴吃，味道一流！

豬油渣炒花菜

豬油渣，一個被遺忘了的美食。現代人講究健康，覺得豬油的膽固醇高，所以不吃。記得讀書時，放學回家等不及姥姥炒好菜，我會先舀一碗飯，加一匙醬油、一匙雪白的豬油放在熱騰騰的飯面，豬油在飯的熱力下溶化，撒上一把豬油渣拌勻來吃，飯香、豬油渣酥脆，我認為是天下間最美味、最好吃的一碗飯。

材料

白花菜......1 棵（椰菜花，250 克）
五花腩..........................200 克
蒜肉 ....2 瓣（3 克）
乾辣椒.................2 條（2 克）
花椒 ....2 克

調味料

鹽 ....10 克

做法

1. 白花菜用手掰成小朵，清洗後用鹽水浸泡 10 分鐘，用清水沖洗，瀝乾水分。
2. 燒熱鑊，開大火放入花菜煸炒，炒至水氣散發（約 1 分鐘），盛起。
3. 五花腩洗淨，去皮、切薄片。蒜瓣拍碎；乾辣椒切小段。
4. 燒熱鑊，放入油 5 克，下五花腩片煸炒至出油，炒成金黃色的豬油渣。
5. 倒出多餘油分，放入乾辣椒、花椒、蒜末炒香，倒入煸炒的花菜，灑入鹽，以大火翻炒至花菜熟透，上碟，灑上豬油渣即可。

好吃秘訣

- 我認為選用五花腩製成豬油渣，比用豬板油更香。
- 白花菜的密度高，花朵易藏小蟲，用鹽水浸泡可去除花菜中的小蟲。

粉蒸肉

粉蒸肉是一道成都傳統家常菜，最適合選用豬的三層五花腩肉烹調，三層肉位於豬下五花腩位置，靠近肚腹，肉不會那麼肥，蒸好的肉也不會太油。
粉蒸肉墊底的配菜，可根據季節來搭配，冬季時可用番薯；夏季則宜選青豌豆。

材料

三層五花肉....................300 克
薑.....................................5 克
番薯 ....2 個（100 克）
蒸肉米粉 .... 180 克 *

醃料

腐乳 ....2 塊（5 克）
醪糟（酒釀）..... 1 湯匙（5 克）
紅油 ....8 克
豆瓣醬...............................5 克
料酒 ....5 克
糖......................................3 克
花椒粉...............................3 克
生抽 ....3 克
鹽......................................3 克

蒸肉米粉材料

大米 ....130 克
糯米 ....50 克
八角 ....1 枚（1 克）
花椒 ....1 克
香葉 ....2 片

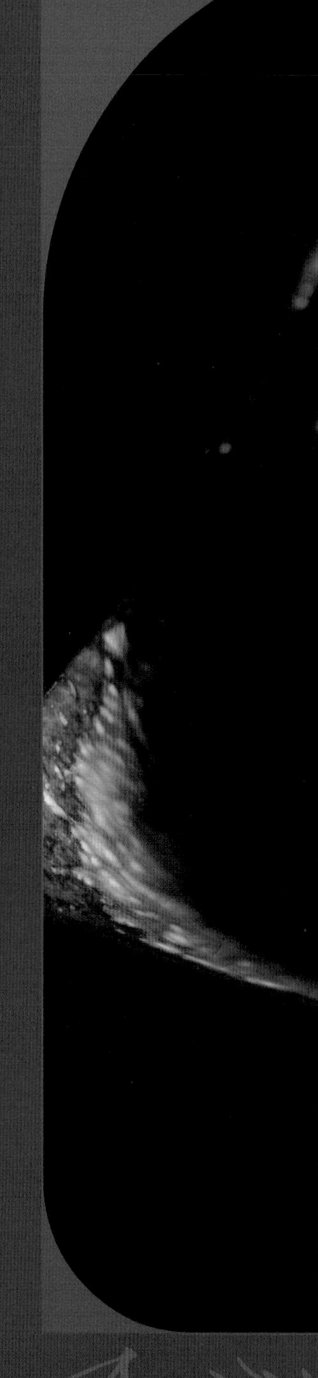

蒸肉米粉做法

1. 大米及糯米混合，洗淨，瀝乾水分。
2. 生鐵鑊開小火，倒入米翻炒，放入八角、香葉及花椒一起炒香，炒至水分收乾、帶米香味及變成微黃色，放涼。
3. 將八角、花椒、香葉放入石樁搗成粉，加入炒好的米粒搗成粗粒粉狀，蒸肉米粉完成。

做法

1. 五花肉放在燒熱的生鐵鑊輕烙豬皮，去掉皮腥味，用刀刮去烙印及洗淨，抹乾水分，切 2 毫米薄片，放於碗內。
2. 豆瓣醬剁細；薑切末；腐乳壓碎。
3. 將鹽、糖、豆瓣醬、腐乳、薑末、生抽、花椒粉、紅油、醪糟及料酒拌勻，放入五花肉醃 1 小時。
4. 預備烹調前，五花肉與蒸肉米粉拌勻。
5. 取一大碗，將五花肉皮朝下整齊地排好。燒滾水，放入五花肉以中火蒸 1 小時。
6. 番薯刨皮，切小塊，放在粉蒸肉上，以大火蒸 15 分鐘，取出反扣碟上，最後以香菜裝飾即成。

好吃秘訣

- 五花肉洗淨後必須抹乾水分；若水分太多，蒸肉米粉不能黏在肉面，會影響口感。建議趁熱享用，更能吃出獨特滋味。
- 如用石樁不方便，可用碎米機打磨米粒及香料，令製法更簡便。

百味熱菜

家常田雞腿、麻辣鴨血豆腐……

鑊氣十足的川式菜餚，

是尋常百姓家的惹味菜品，

還有新添的河鮮海產，讓川菜百花齊放。

椒鹽鮑魚

材料

新鮮鮑魚....................8 隻

配料

蒜肉...............4 瓣（5 克）

指天椒............2 條（3 克）

葱...................1 棵（3 克）

調味料

生抽............................5 克

鹽................................2 克

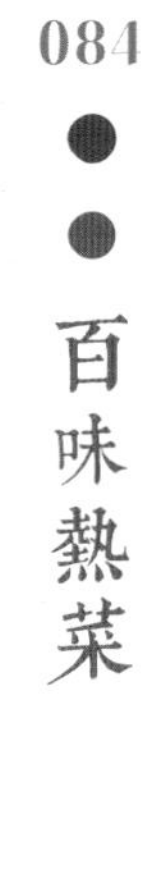

做法

1. 鮑魚洗淨，起肉，在鮑魚面切斜十字花刀；鮑魚殼洗淨備用。
2. 蒜肉拍碎；指天椒斜刀切成小片；葱切一吋長段。
3. 鐵鑊下油及蒜蓉炒香，放入鮑魚以大火翻炒，加入指天椒、生抽、鹽及水 3 湯匙，加蓋燜 2 分鐘待水分收乾，灑入葱段炒勻。
4. 將已氽燙的鮑魚殼放碟內，排上鮑魚即可品嘗。

好吃秘訣

鮑魚起肉後，外殼不要丟掉，洗淨後放入開水煮 5 分鐘，抹乾水分，炒好的鮑魚放在殼內，增添賣相，宴請親友更顯高雅。

蒜苔炒肉絲

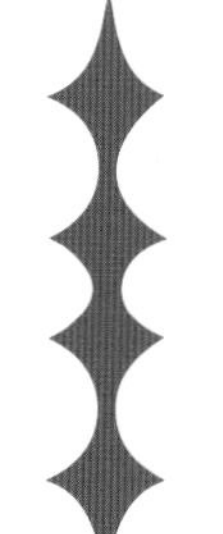

材料

豬里脊肉................100 克
蒜苔........................150 克
豆瓣醬......................10 克

醃料

鹽................................3 克
豆粉............................6 克
料酒............................5 克

做法

1. 豬里脊肉洗淨，切成 2 吋長幼絲，放在碗內，加入鹽、料酒、豆粉拌醃 5 分鐘。
2. 蒜苔去掉頭尾，洗淨，切成 2 吋長段。
3. 燒熱鑊下油 20 克，待油熱，下肉絲迅速滑散，放入豆瓣醬炒香，下蒜苔炒至熟透，上碟享用。

好吃秘訣

- 豆瓣醬較鹹，毋須放醬油調味。
- 豬里脊肉可改用臘肉來炒，非常香口美味。

家常田雞腿

材料

新鮮田雞腿..................300 克
指天椒...........................10 克
仔薑（嫩薑）..................20 克
葱.........................1 棵（2 克）
蒜頭 ....10 克

醃料

料酒 ....5 克
鹽....................................5 克

調味料

豆瓣醬.............................5 克
料酒 ....5 克
鹽....................................5 克
生抽 ....3 克
糖....................................4 克
胡椒粉............................ 少許

做法

1. 田雞腿洗淨，抹乾水分，放入鹽及料酒醃 10 分鐘。
2. 指天椒剁碎；仔薑切絲；蒜頭切丁；葱切一吋長段；豆瓣醬剁幼。
3. 燒熱鐵鑊，倒入油至油溫六成熱，放入田雞腿爆炒至水分收乾，加入蒜粒、豆瓣醬、料酒、鹽、生抽、糖及水煮 5 分鐘，至田雞入味，放入薑絲、葱段、指天椒及胡椒粉炒勻，上碟即成。

好吃秘訣

- 購買新鮮田雞煮成，口感好、味道鮮。
- 仔薑是附有嫩芽的薑，口感脆嫩，辛辣味較淡；如沒有可加入芹菜代替。

青毛豆小煎雞

材料

新鮮仔雞（嫩雞）...1 隻（300 克）
新鮮青毛豆...................100 克
青辣椒（二荊條)...........50 克
指天椒..................2 條（2 克）
紅泡椒..................2 條（5 克）
蒜肉 ....1 個（3 克）
仔薑（嫩薑）..................10 克
葱.........................1 棵（2 克）

醃料

鹽.....................................3 克
料酒 ....10 克

調味料

生抽 ....5 克
豆瓣醬..............................5 克
糖.....................................3 克

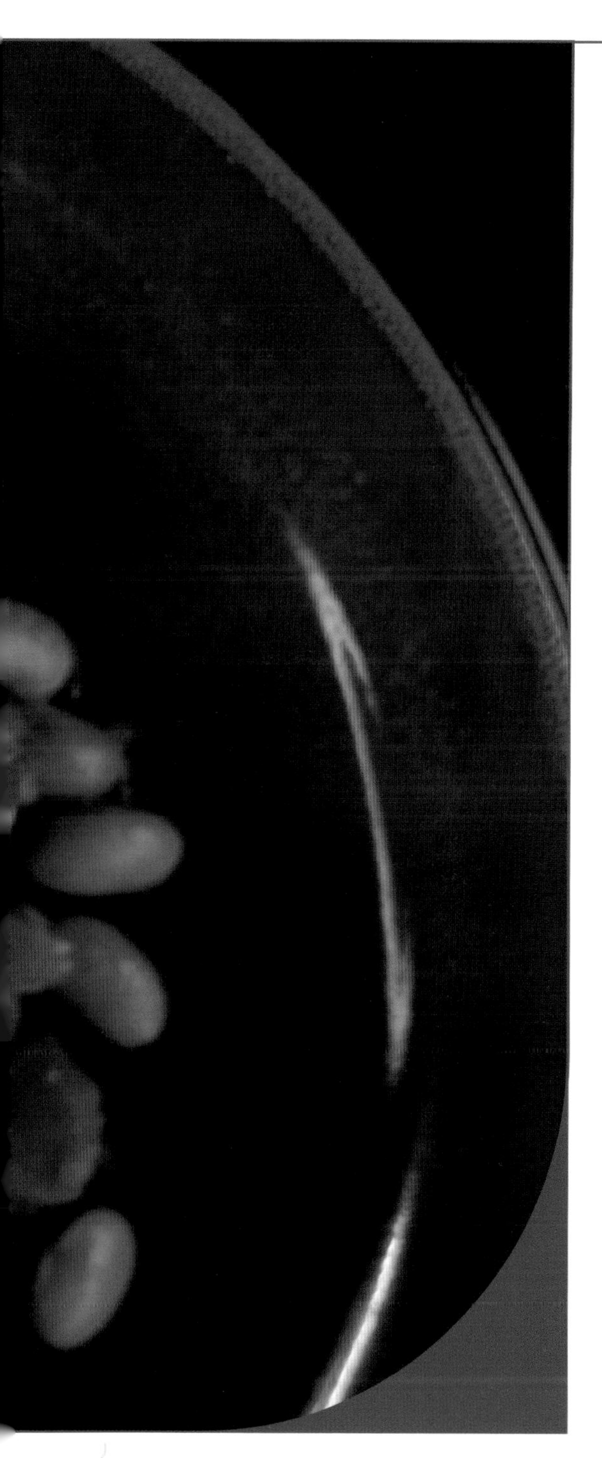

做法

1. 新鮮雞去頭尾，洗淨，抹乾水分，斬成小塊，加鹽及料酒醃 10 分鐘。
2. 青毛豆剝殼，洗淨，煮 10 分鐘至毛豆軟熟，盛起，瀝乾水分。
3. 青辣椒及指天椒切段；蒜肉拍碎；葱切段；仔薑切粗絲。
4. 鑊內放入油 20 克，待油溫七成熱，下雞肉以大火煎炒 5 分鐘，放入蒜蓉及豆瓣醬爆香，待炒出紅油，加入青毛豆、青辣椒、指天椒、紅泡椒、葱段、仔薑、生抽及糖，炒至青毛豆及青辣椒入味，上碟即可。

好吃秘訣

購買仔雞（嫩雞）烹調，肉質鮮嫩，吃起來肉質不粗韌。

水煮肉片

「水煮肉片」是 80 年代四川流行的一道江湖菜，水煮肉片由水煮牛肉演變而來，後來又有水煮魚、水煮毛肚、水煮腦花等，幾乎所有食材都可以製成水煮菜式，悉隨尊便，喜歡吃甚麼都可搭配水煮百搭，成為材料豐富的一道下飯菜。

材料

豬里脊肉……250 克
乾辣椒……30 克
花椒……10 克
青筍尖……2 條（30 克）
芹菜……2 棵（20 克）
蒜苗……2 棵（20 克）
薑……5 克
蒜肉……15 克
香菜……1 棵（3 克）

醃料

豆粉……10 克（與水拌勻）
雞蛋清……1 個（3 克）

調味料

豆瓣醬……10 克
生抽……5 克
鹽……3 克
糖……3 克
料酒……5 克

做法

1. 豬里脊肉洗淨，切 2 毫米薄片，放入碗內，加入豆粉水拌勻，放入生抽、雞蛋清揉勻，下少許油調勻醃 10 分鐘。
2. 製作刀口辣椒：將乾辣椒剪成一吋長段，去籽。鐵鑊內放入少許油，下乾辣椒、花椒以小火慢炒至散發香味，待辣椒變成深紅色，盛起，用刀剁碎備用。
3. 青筍尖、蒜苗及芹菜洗淨，切 3 吋長段。薑切末；蒜肉切末。鑊內放入少許油，下乾辣椒碎炒香，倒入青筍尖、芹菜、蒜苗炒至熟，盛於碟內。
4. 燒熱鑊下油 80 克，放入豆瓣醬、生抽、鹽、糖、料酒、薑末炒出香味，加水煮 3 分鐘，轉小火放入肉片，不要攪動（小心肉片脫漿），待肉片顏色變白代表將熟，倒在炒好的筍面，撒上刀口辣椒和蒜蓉。
5. 燒熱油溫至七成熱，將油倒在刀口辣椒和蒜蓉上，放上香菜，色澤紅亮、香氣撲鼻的正宗水煮肉片就做好了。

好吃秘訣

為這道水煮肉片增添香味的靈魂調味料是刀口辣椒，刀口辣椒必須現吃現做。

蒜片蝦

材料

游水中蝦................300 克
乾辣椒（二荊條）........5 克
蒜肉 ....5 瓣（20 克）

調味料

生抽 ....10 克
糖 ....3 克

做法

1. 游水蝦在背部剪開，剝去蝦殼，去頭留尾，洗淨，抹乾水分。
2. 乾辣椒剪成一吋長段，去籽；蒜肉切成薄片。
3. 燒熱鑊，倒入油 30 克，待油溫五成熱，放入蒜片以小火慢炒，炒至散發香味、香脆及轉成金黃色，盛起備用。
4. 將油溫升高至七成熱，倒入中蝦翻炒，下乾辣椒、生抽及糖炒至蝦肉轉成粉橙色，放入已炸好蒜片，炒勻即可上碟。

好吃秘訣

- 必須選用游水蝦，現剝殼、現炒現做，炒好的蝦肉爽脆緊緻。
- 蝦必須炒至水分收乾，加入蒜片後才保持蒜片香脆。
- 建議選用二荊條乾辣椒，微辣帶香。

碧綠蒸魚

材料

石蚌魚..............1 條（400 克）

二荊條青辣椒...............150 克

蔥....................................10 克

油....................................20 克

調味料

生抽................................10 克

糖......................................5 克

鹽......................................3 克

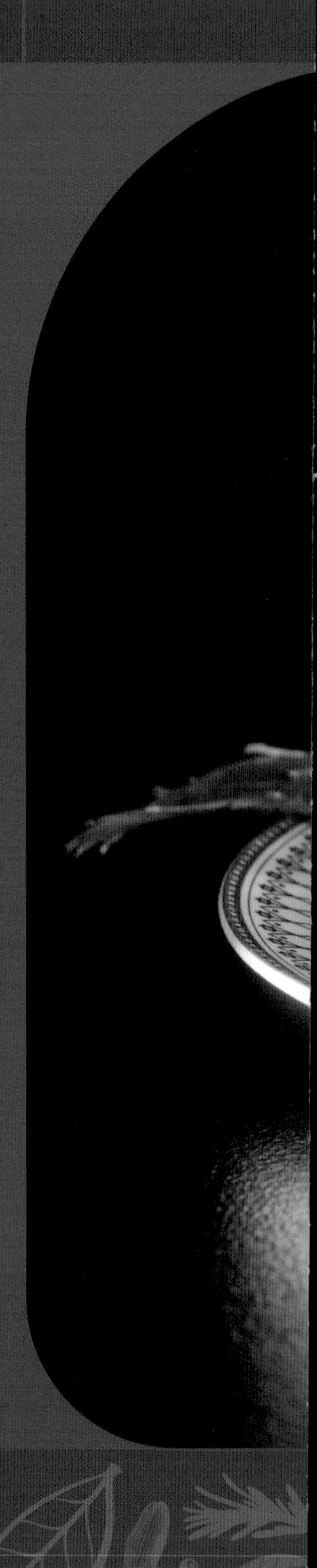

做法

1. 石蚌魚洗淨，抹乾水分，在魚背各剔一刀，蒸時更易熟。
2. 二荊條青辣椒去柄，洗淨，切圈；葱切碎。
3. 燒滾水，放入石蚌魚蒸 10 分鐘。
4. 另取鑊加入少量油，以大火快炒青辣椒，灑入鹽，待五成熟盛起。
5. 鑊內加入生抽、糖 2 湯匙及水煮成醬油，待魚蒸熟後，將炒好的二荊條青辣椒均勻地鋪在魚身，倒入煮好的醬油。
6. 燒熱油，待油溫七成熱，淋在石蚌魚，最後撒上葱花上桌。

好吃秘訣

- 建議選用二荊條青辣椒，微辣且香，顏色翠綠，令菜式色香味俱全。
- 如不喜歡石蚌魚，也可用鱸魚、桂花魚、花蓮魚等，只要選自己喜歡的魚均可，悉隨尊便。

炸茄餅

材料

茄子……1 條（200 克）
豬肉碎……150 克
薑末……5 克

醃料

生抽……3 克
鹽……5 克
雞蛋清……半個（3 克）
豆粉……5 克

麵糊料

麵粉……25 克
番薯粉……25 克
水……適量

做法

1. 豬肉碎放入碗內，加入薑末、鹽、生抽、雞蛋清、豆粉拌勻。
2. 茄子洗淨，切去頭尾，切成雙飛片（第一刀不切斷，第二刀切斷）。將已調味的豬肉碎釀入茄子內。
3. 準備大碗，放入麵粉、番薯粉及水調成糊狀。
4. 鍋內倒入油，待油溫七成熱，將釀好的茄子沾一層麵糊，放進油鍋炸，一面先炸 2 分鐘，翻轉另一面再炸，待茄餅炸至金黃色熟透，盛起，放在吸油紙吸去多餘油分，上碟即可。

好吃秘訣

- 豬肉碎不要加水調勻，以防炸茄餅時水遇油而滾爆。
- 麵糊用番薯粉和麵粉調合，炸出來的茄餅更香更脆，口感更佳。

香辣蟹

材料

肉蟹...........2隻（500克）
薑..............................15克
葱..............................10克
蒜肉..........................20克
乾辣椒............2條（4克）

調味料

豆豉辣椒醬...............20克
鹽................................5克
生抽............................4克

做法

1. 肉蟹用小刷子刷洗乾淨，剝開蟹殼，除去肺及鰓，抹乾水分，斬成小塊。
2. 薑切粒；蒜肉剁碎；葱切3吋長段；乾辣椒切長段，去籽。
3. 鑊內倒入油50克，待油溫七成熱，加入蟹件以大火翻炒，炒至七、八成熟，盛起。
4. 將薑粒、蒜蓉倒入鑊內炒香，加入乾辣椒、豆豉辣椒醬及蟹件翻炒，灑入鹽、生抽及葱段，炒至入味上碟。

好吃秘訣

我會選有膏的肉蟹炮製成香辣蟹，味道更香、更好吃。

辣炒魷魚絲

成都屬於內陸地方，不靠海，鮮活海鮮較少，通常是用乾魷魚發水後烹調這道菜，我覺得用乾魷魚或半乾濕魷魚來炒，更加香氣四溢。

材料

半乾濕魷魚............200 克
指天椒......................10 克
薑...............................5 克
蒜肉 ....3 瓣（2 克）
芹菜 ....2 棵（10 克）
葱..................1 棵（2 克）

調味料

鹽...............................3 克
生抽 ....5 克
糖...............................3 克
料酒 ....5 克

做法

1. 魷魚洗淨，浸泡過夜，撕去紫色薄膜，洗淨，切絲。下鍋汆水 1 分鐘，盛起，瀝乾水分。
2. 指天椒切一吋長段，加少許鹽醃 10 分鐘。薑切絲；蒜肉切片；芹菜切一吋半長段；葱切段。
3. 燒熱鑊，倒入油 20 克，加入魷魚絲炒至水分收乾，放入薑絲、蒜片、指天椒、生抽、糖及料酒炒香，最後放入葱及芹菜炒至入味，上碟享用。

好吃秘訣

這道辣炒魷魚絲也可選用新鮮魷魚炮製，但味道不及乾魷魚濃香。

仔薑紅椒炒雞郡肝

材料

雞郡肝（雞腎）....8個（150克）
鹽....................................10克

配料

大紅椒................1個（20克）
仔薑（嫩薑）..................40克
蔥........................1棵（2克）
蒜肉..............................10克
花椒................................3克

醃料

鹽....................................3克
料酒..............................10克

調味料

豆瓣醬............................10克
生抽................................5克
糖....................................3克

做法

1. 雞郡肝洗淨，用鹽搓揉，用水沖洗乾淨，抹乾，切成薄片。加入鹽及料酒醃10分鐘。
2. 仔薑洗淨，切片，撒上鹽醃5分鐘，用水洗去鹽分，擠乾水分。大紅椒切絲；蒜肉切片；薑切一吋段；蔥切段；豆瓣醬剁幼。
3. 燒熱鐵鑊，下油20克，放入雞郡肝炒至散開，加入豆瓣醬、蒜片、花椒、糖及生抽炒香，放入紅椒絲及仔薑炒熟及入味，最後撒上蔥段，即可上碟。

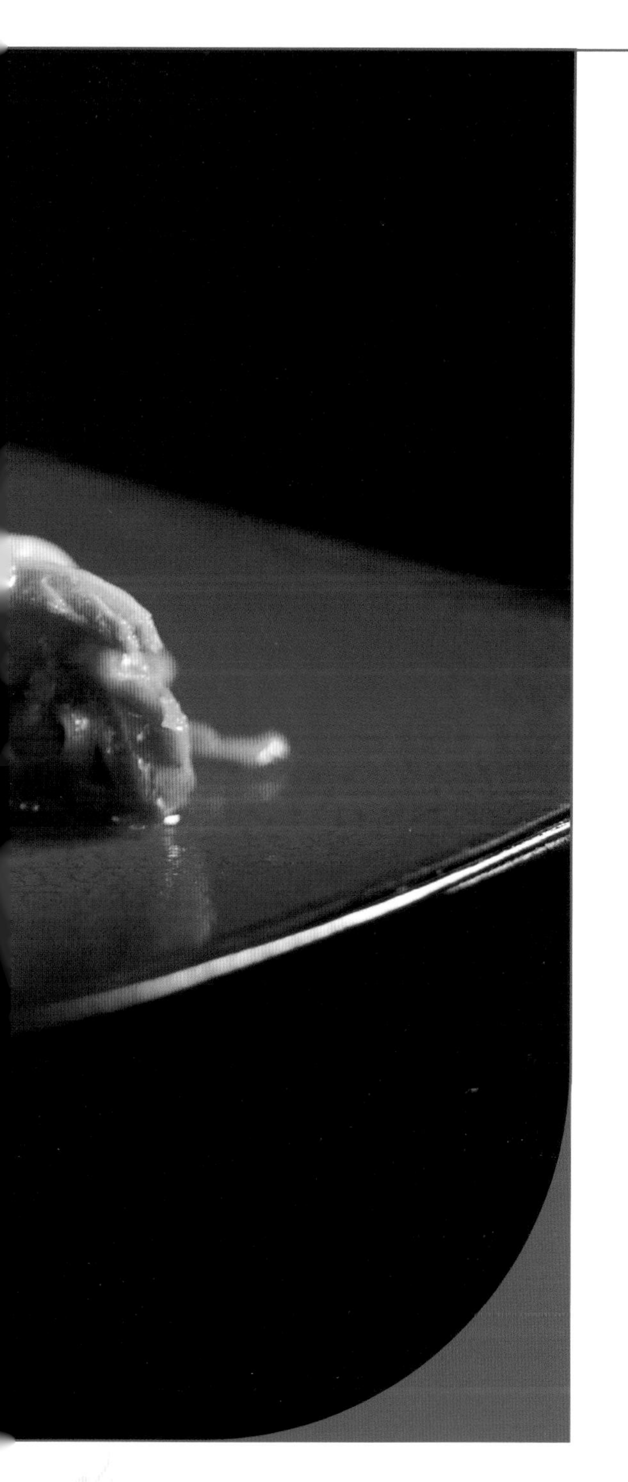

好吃秘訣

- 購買新鮮雞郡肝，先用鹽搓揉以去掉其腥味。
- 仔薑用鹽醃後再炒，味道更入味。

熗蓮白

材料

蓮花白（椰菜）......1 個（250 克）
乾辣椒..............................4 克
花椒 ....1 克
蒜肉 ....3 瓣（3 克）

調味料

鹽 ....2 克
生抽 ....3 克
老抽 ....3 克
糖 ....5 克
醋 ....5 克

做法

1. 用刀將蓮白切成兩半，用手撕成大塊，去掉中間硬梗，洗淨，瀝乾水分。
2. 乾辣椒剪成一吋長段；蒜肉切片。
3. 生抽、老抽、鹽及糖放在碗內調勻，備用。
4. 燒熱鑊，倒入油 10 克，放入花椒炸香，待花椒變成深褐色，棄去。
5. 下乾辣椒、蒜片及蓮白，以大火翻炒，倒入已調好的醬汁翻炒，沿着鑊邊倒入醋，炒勻上碟即可。

好吃秘訣

選購時挑選較鬆散、尖頂呈淺綠色的蓮白，既爽脆口感又好；炒時宜用旺火快炒。

熗炒辣蜆

材料

蜆……500克
油……15克

配料

乾辣椒……15克
豆豉辣椒醬……10克
蒜瓣……5克
薑……3克
葱……5克

調味料

生抽……5克
胡椒粉……3克
糖……3克
料酒……5克

1. 蜆放入清水浸泡，炒前用清水沖洗，瀝乾水分。
2. 乾辣椒剪成一吋長段，去籽，用清水略洗，擠乾水分。
3. 薑、蒜切粒；蔥切一吋半長段。
4. 燒熱鑊，加油倒入乾辣椒、薑粒、蒜粒、豆豉辣椒醬炒香，放入蜆以大火翻炒，加入調味料及水 2 茶匙，加蓋焖煮 2 分鐘至蜆全部張開，灑上蔥段炒勻即可。

好吃秘訣

- 這道菜材料簡單，要煮得好吃秘訣在於大火熗炒，蜆肉鮮美無比。
- 我喜歡選用大花蛤，肉厚，味鮮，而且沒有沙粒。
- 購買前，魚販已將蜆清洗及處理，不會藏有沙粒。

麻辣鴨血豆腐

材料

鴨血 ....2 塊（200 克）
豆腐 ....1 塊（150 克）
乾辣椒............2 條（2 克）
花椒 ....5 克
薑 ....3 克
蒜瓣 ....3 克
葱...................1 棵（3 克）
蒜苗 ....1 棵（5 克）

調味料

豆瓣醬......................25 克
高湯 ....800 克
鹽 ....5 克
糖 ....3 克
生抽 ....10 克
料酒 ....5 克
胡椒粉........................3 克

做法

1. 鴨血和豆腐分別切成 4 塊，放入滾水汆燙 4 分鐘，盛起，瀝乾水分。
2. 乾辣椒切成 2 吋段；薑及蒜剁碎；葱切成小段；蒜苗切一吋長段。
3. 鑊燒熱，倒入油 40 克，放入花椒及乾辣椒炒香，加入豆瓣醬、薑葱蒜炒至油色紅亮，下高湯煮開。
4. 放入鴨血和豆腐略煮，灑上鹽、糖、生抽及料酒調味，以小火慢煮 10 分鐘，讓鴨血及豆腐更入味，盛於大碗，最後撒上蒜苗及胡椒粉即可。

好吃秘訣

- 鴨血及豆腐買回家後，建議浸泡清水以防變乾。
- 煮鴨血豆腐時，不用加蓋，否則鍋蓋上多餘的水蒸氣流入鍋內，令湯汁變淡，味道不夠鮮。
- 如想鴨血吃起來嫩滑，宜用小火慢煮。

飯麵
湯・小吃・

著名的紅油水餃、酸辣粉、擔擔麵等，
於家中能夠輕鬆炮製；
還有來一碗清甜的雪豆豬蹄湯，
爲一頓完美的川菜佳餚作結。

大雪豆蹄花湯

成都屬於盆地，常年潮濕、多雨，冬天時雨水加上白雪，天氣更是寒風刺骨，冷雨打在臉上就如刀割。這種寒冷的天氣，最想喝一碗熱騰騰的蹄花湯，暖身之餘，又能補充膠原蛋白。

材料

豬前蹄........2 隻（500 克）
大白雪豆................200 克
薑..............................10 克
葱..............................15 克
料酒..........................15 克

蘸汁

蒜蓉............................5 克
香菜碎........................5 克
生抽..........................15 克
紅油..........................20 克
花椒粉........................1 克

做法

1. 大白雪豆用水浸泡過夜。
2. 豬蹄洗淨，一開四，冷水下鍋汆燙，加入薑、葱及料酒，待水滾後撇去浮沫煮 5 分鐘，盛起，用刀刮一下豬蹄皮，洗淨。
3. 湯鍋內加入水，放入豬蹄及薑 2 片，以大火煮滾，轉中小火煮 30 分鐘，放入浸泡已膨脹的雪豆，轉小火慢煮 1 小時即成。
4. 預備蘸汁伴吃軟糯的豬蹄，是人間美食，更可品嘗綿軟起沙的雪豆及雪白的湯水。

好吃秘訣

建議選用豬前蹄，由於前蹄的活動量較大，且有一根粗壯的筋，肌肉比後蹄多，吃起來口感佳。

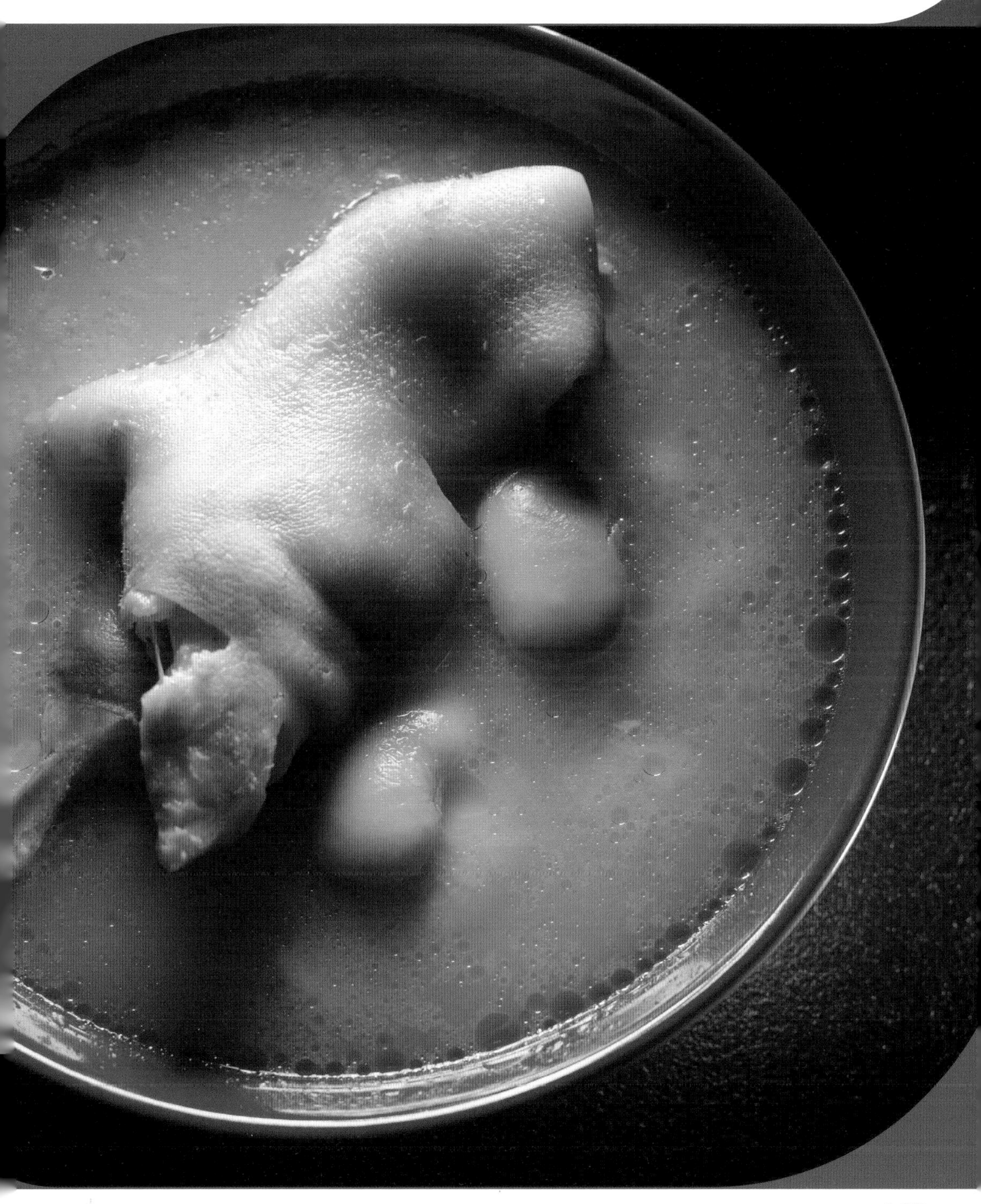

海帶綠豆鴨湯

小時候，我住在四合院，隔壁有位身懷六甲的阿姨，她婆婆有一次煲海帶綠豆燉鴨湯給她補身，據她婆婆説這個湯可去胎毒，讓新生嬰兒的皮膚如粉雕玉琢，皮膚好且不易長瘡。中國民間智慧流傳了數千年，真是字字珠璣，至於功效有待各自親身體會。

材料

野生麻鴨 ....1 隻（400 克）
乾海帶...............................40 克
綠豆 ....50 克
薑....................................10 克
葱....................................10 克
料酒 ....15 克

做法

1. 麻鴨洗淨，拔除多餘細毛，冷水下鍋汆燙，加入薑片、葱段及料酒，水滾後煮 8 分鐘，取出洗淨。
2. 乾海帶用冷水浸泡 2 小時，洗淨，切細絲。
3. 砂鍋加入水，放入麻鴨以大火燒滾，轉小火煮 1 小時，放入海帶絲及綠豆以小火慢煮 1 小時，鴨湯即完成了。

好吃秘訣

- 選用野生麻鴨煮湯，比用飼料餵養的鴨子更適合，因為野生鴨子的活動量大，肉質緊實，沒有太多肥油。
- 綠豆清熱解毒；海帶含碘質；鴨子滋陰補虛，這是一道有益的湯品。

乾拌抄手

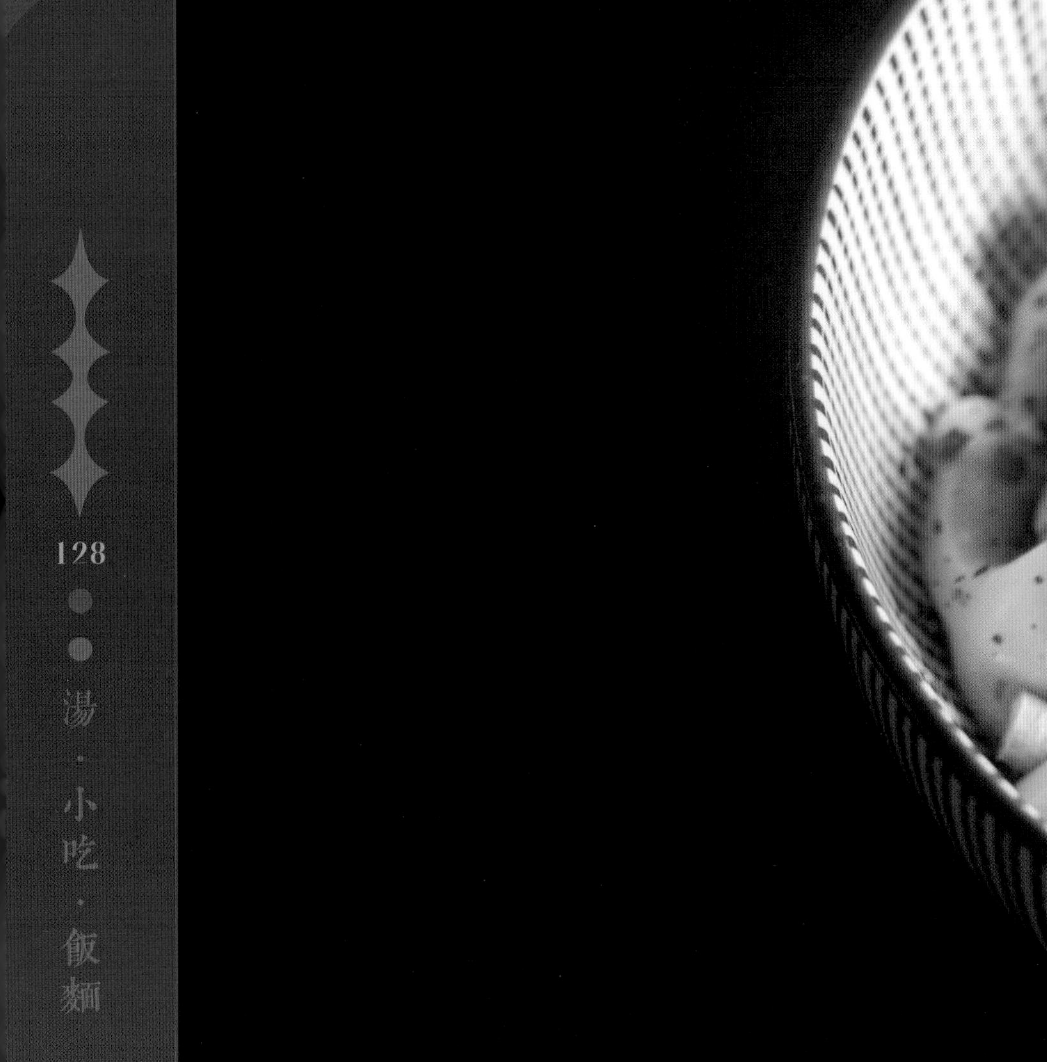

帶點辣味的乾拌抄手，刺激味蕾，
令人胃口大開！

材料

去皮豬前腿肉......... 150 克
抄手皮（雲吞皮）...... 30 克
蒜肉 .... 3 克
葱 .... 3 克
豆粉 .... 5 克
辣椒粉 .... 3 克
花椒粉 .... 3 克

醃料

薑蓉 .... 3 克
鹽 .... 2 克
生抽 .... 3 克
麻油 .... 3 克
胡椒粉 .... 2 克
雞蛋清 .... 1 個
豆粉 .... 1 茶匙

調味料

生抽 .... 7 克
紅油 .... 10 克

做法

1. 豬前腿肉洗淨，抹去水分，切成長條，剁碎，放在碗內，下鹽、胡椒粉、薑蓉、生抽、麻油及雞蛋清朝同一方向拌勻，加豆粉 1 茶匙及水拌至帶黏性起膠，蓋上保鮮紙，放入雪櫃待 15 分鐘。
2. 蒜肉切蓉；葱切成葱花。
3. 碗內放入蒜蓉、生抽及紅油 1 湯匙，拌成調味料備用。
4. 取出一塊抄手皮，放上如 5 元硬幣大小的肉碎，在抄手皮邊沿抹上水，對摺成三角形，在一邊角沾水反摺成元寶形狀。
5. 鍋內燒熱水，放入抄手，用隔篩輕輕推開抄手以免黏在一起，加蓋煮至水滾，加添涼水再加蓋煮滾，如是經過三次添加涼水，抄手煮好，以隔篩盛於備有調味料的碗內，撒上辣椒粉、花椒粉及葱花，拌勻即吃。

好吃秘訣

- 如自行剁肉較麻煩，可購買市面上絞好的豬肉。
- 不愛吃豬肉的人，可用牛肉、雞肉炮製，做法一樣。

紅油水餃

材料

去皮豬前腿肉.........150 克
餃子皮.......................30 克
薑................................3 克
蒜蓉............................5 克
紅油..........................30 克

醃料

鹽................................3 克
生抽............................3 克
麻油............................3 克
豆粉............................5 克
水............................2 茶匙

複合醬油材料

紅糖..........................25 克
老抽..........................10 克
生抽..........................12 克

做法

1. 豬腿肉洗淨，抹去水分，切條後切丁，加入拍碎的薑一起剁碎。將肉碎放在碗內調味，下鹽、生抽、麻油，豆粉及水，朝同一方向攪拌至肉帶黏性。
2. 調製複合醬油：鍋內加入紅糖，以小火慢炒至紅糖溶化及起泡，熄火，加入老抽、生抽拌至溶合，利用餘熱煮開醬油，盛起備用。
3. 碗內先放入複合醬油 1 茶匙及蒜蓉。
4. 取餃子皮一張，放入 5 元硬幣大小的肉碎，在餃子皮邊沿抹上水，對摺，捏緊。
5. 鍋內燒熱水，水滾後放入餃子，用隔篩輕輕推開餃子以免黏在一起，待煮開，加入涼水，加蓋再煮，加入涼水兩次煮開，餃子就煮好了。
6. 餃子盛在調好汁的碗子內，最後加入紅油 3 湯匙拌勻，即可食用。

好吃秘訣

- 餃子皮不宜太厚，會影響口感；如買的餃子皮太厚，可以自己動手擀薄一點。
- 紅油水餃的紅油必須夠香，可提前一天製作，製法可參考 P.12 私房紅油。
- 醬油也是紅油水餃非常重要的調味料，甜中帶香辣是四川水餃的一大特色。

酸辣粉

材料

純正紅薯粉............120 克
豬肉碎....................100 克
油酥花生..................10 克
薑..............................5 克
蒜肉..........................10 克
葱.............................10 克

調味料

豆瓣醬........................3 克
生抽............................5 克

料汁

蒜蓉............................5 克
榨菜............................5 克
花椒油........................3 克
生抽............................5 克
醋...............................5 克
紅油..........................15 克

做法

1. 紅薯粉用攝氏 45 度熱水浸泡 15 分鐘。
2. 薑及蒜切蓉；葱切成葱花；榨菜切小丁。
3. 燒熱鑊，下油 15 克，加入薑蓉、蒜蓉及葱花翻炒，下豆瓣醬拌炒，放入肉碎炒至水分收乾，下生抽炒出香味、顏色紅亮及酥香，盛起。
4. 將料汁拌勻，調好備用。
5. 燒滾水，放入泡好的紅薯粉煮 1 分鐘，加兩勺熱水在調好料汁的碗內，放進煮好的紅薯粉，排上已炒好的肉碎 2 湯匙及油酥花生，最後撒上葱花即成。

好吃秘訣

- 要購買純正的紅薯粉，吃起來軟滑，而且口感好。
- 如喜歡吃肥腸的話，可隨意加入，任何自己喜歡的配料皆可隨意加添。

擔擔麵

擔擔麵是四川最具代表性的一道傳統著名麵食，是四川地區千家萬戶的人，生活中幾乎每天都吃的主要食糧。

材料

川式水麵......................100 克

配料

去皮五花肉...................150 克
宜賓芽菜（四川醃菜）........10 克
炒香花生碎（去皮）........10 克
薑.....................................3 克
葱.....................................5 克

調味料

老抽.................................3 克
生抽.................................5 克
料酒.................................5 克

醬汁

蒜肉.................................5 克
生抽.................................5 克
糖.....................................3 克
紅油...............................10 克
芝麻醬.............................5 克
豬油（取自炒好的肉碎）..... 1 茶匙
花椒粉.............................2 克

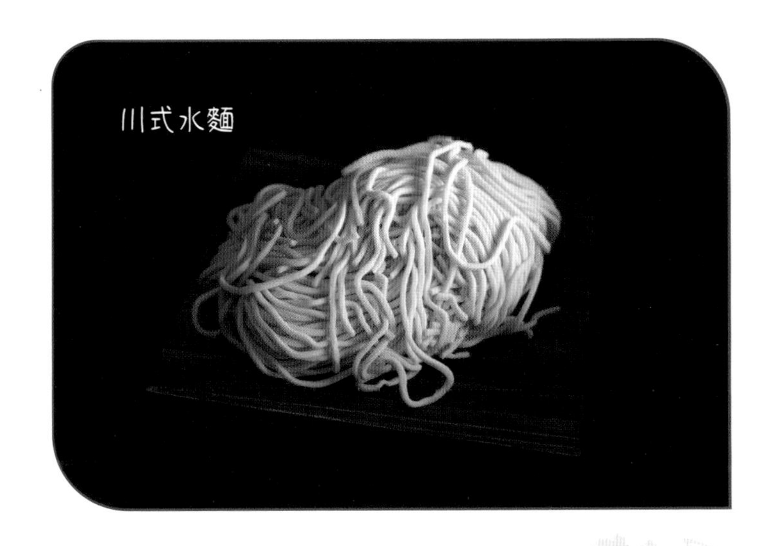

做法

1. 五花肉切小丁，剁碎。薑切末；蒜切末；葱切成葱花；宜賓芽菜洗淨，瀝乾水分。
2. 炒鑊放入油，下肉碎炒散，放入薑末炒出油及散發香味，下料酒、生抽及老抽上色，待炒至酥香，盛入碗。
3. 鑊內放入宜賓芽菜，炒至水分收乾及散出香味，盛起備用。
4. 調製擔擔麵醬汁：碗內加入擔擔麵醬汁材料及宜賓芽菜，拌勻。
5. 鑊內燒熱水，下麵條煮 1.5 分鐘，盛起，放入調好醬料的碗內，加入肉碎 2 湯匙，灑上葱花及花生碎，拌勻就可以吃了。

好吃秘訣

- 擔擔麵最重要的是選好麵條，不宜選太幼細的麵條，否則沒有咬勁。
- 擔擔麵的靈魂是宜賓芽菜，這是必不可少的重要材料，本港有些雜貨店有售。

臘肉青豌豆燜糯米飯

材料

川式煙燻臘肉.....1 塊（200 克）
新鮮青豌豆.....................150 克
糯米 ....2 杯（300 克）
蒜肉 ....3 瓣（5 克）
鹽......................................10 克

做法

1. 川式煙燻臘肉洗淨，用水浸泡半小時去除鹽分，放入鍋煮 1 小時，盛起放涼，切小丁。
2. 青豌豆剝殼；蒜肉拍碎，切末；糯米洗淨備用。
3. 燒熱鑊，下油 10 克，倒入蒜末炒香，下臘肉炒 1 分鐘，加入青豌豆及鹽炒香，倒進盛有糯米的鍋內，倒入水 540 毫升，加蓋煲至水滾，轉小火煲至水分收乾及糯米熟透，調至微火多煮 10 分鐘。
4. 一鍋軟香帶微黃飯焦的臘肉青豌豆糯米飯即成，拌鬆飯，端上桌享用。

好吃秘訣

宜選大圓糯米，煲好後粒粒晶瑩剔透，混合臘肉及豌豆吃上一口，臘肉香、豌豆粉、糯米軟。

百味川菜

著者
天香空空

責任編輯
簡詠怡

裝幀設計
羅美齡

排版
辛紅梅

出版者
萬里機構出版有限公司
香港北角英皇道 499 號北角工業大廈 20 樓
電話：2564 7511　傳真：2565 5539
電郵：info@wanlibk.com
網址：http://www.wanlibk.com
http://www.facebook.com/wanlibk

發行者
香港聯合書刊物流有限公司
香港荃灣德士古道 220-248 號荃灣工業中心 16 樓
電話：2150 2100　傳真：2407 3062
電郵：info@suplogistics.com.hk
網址：http://www.suplogistics.com.hk

承印者
中華商務彩色印刷有限公司
香港新界大埔汀麗路 36 號

出版日期
二〇二三年一月第一次印刷

規格
16 開（240 mm × 170 mm）

ISBN 978-962-14-7451-3

＊鳴謝髮型贊助 Calvin Chan、Henry Ho @ M.i Salon